La Teoría del Todo como explicación ¿o exploración? última del universo

JULIO H. CORREA SANDOVAL

Copyright © 2009 Julio H. Correa Sandoval

Todos los derechos reservados.

ISBN 9781794698260

DEDICATORIA

A Fergy Purísima, mi hijita mayor, cuya grácil belleza a la par de su oculta labilidad, semejaban a las de una rosa naciente, pletórica de germinales e inacabadas promesas por las incruentas y graníticas manos de una heraclea paternidad, trágica e inexorable; y a Dios, por permitir la redención del destino de Ifigenia.

CONTENIDO

	Agradecimientos	i
	Introducción	ii
1	Período Mítico – Místico – Religioso	4
2	Período Místico – Filosófico	7
3	Período Científico Clásico	15
4	Física Relativista Como Canto Del Cisne De La Mecánica Clásica	21
5	Período Cuántico	23
6	Período Actual: Teoría De Las Cuerdas Y Teoría M	28
7	Conclusiones	32
8	Bibliografía	36
9	Acerca del autor	40

AGRADECIMIENTOS

A mi segunda hija, Dorita Angélica, por su ternura, compasión y fortaleza, por ser la estrella que impidió la oscuridad total de nuestro particular eclipse de sol familiar. A Joshua, mi tercer hijo, por ser la renovada confianza en la transmisión y formación de vida que la providencia deposita en nuestras indignas manos. A mi esposa, Pilar, por hacer honor a su nombre, por ser la piedra miliar que marcaba el límite entre la vida y la desesperanza, seguir o no seguir, llenando de ser y luz la tentadora y monocroma nada. A la comunidad del seminario diocesano católico, San Pedro de Pucallpa, y al padre Gaetano Galbusera F., obispo de Pucallpa, por su paternal y permanente confianza en la chispa de mi oscuridad. A mis padres, y a Dios, por ser la fuente material y espiritual de la vida, que reluce como un faro en medio de las brumas tenebrosas de las tormentas del alma.

INTRODUCCIÓN

Se ha asumido, desde hace ya bastante tiempo, no con poca razón, que el quehacer filosófico toma como materia prima de trabajo, las *construcciones* de las diferentes áreas de la cultura humana.

Y, dado que la ciencia es, desde hace por lo menos cinco siglos, el quehacer intelectual que inicialmente impregna las mentes del sector occidental de la humanidad, para hodiernamente ser la *cléf de voute* de casi todas las diversas manifestaciones culturales humanas existentes. Se constituye así en un terreno, sino privilegiado, sí muy relevante, para comprender mejor el mundo humano actual; y la realidad no humana que ella nos propone.

Siendo que, el último desarrollo de las investigaciones en física teórica ha llevado a lo que se caracteriza como -cada vez con mayor fuerza- una verdadera revolución científica, plasmada en 1995, con la formulación de la **teoría M**, lograda por el físico norteamericano Edward Witten, quien es uno de los últimos y más importantes hitos en la ruta de la tenaz búsqueda de la **Teoría del Todo**, o *Theory of Everything* (en inglés).

Todo lo cual no es más que el renacimiento de una vieja pretensión, que más que científica o metafísica, parece estar inscrita en el código genético de la humanidad, compareciéndose con aquello que en ella llamamos naturaleza racional; esta pretensión ha tenido a lo largo de los siglos una doble manifestación, por un lado la vinculación de todos aquellos eventos que nos rodean, es decir, la construcción de una urdimbre o malla, génesis de la significatividad y el sentido de lo que llamamos real, mediante –por otro lado- de la *búsqueda y hallazgo* de un principio unificador.

Huelga, presentar aquí, pues lo haremos más adelante, los innumerables fundamentos de este aserto, ya rastreable claramente, aun en aquellas áreas no científicas ni filosóficas de la cultura humana, pues así podemos interpretar también las diversas cosmovisiones *míticas* con sus respectivos panteones, antropomórficos o no.

La búsqueda de principios que unifican y, dan significado y sentido a la experiencia humana, ha estado presente desde siempre, no se crea de ningún modo que es un anhelo nacido en el renacimiento europeo, ni mucho menos; pero nos interesa particularmente aquél principio unificador característico del quehacer racional-no mítico, y dentro de ella el racional-no mítico-no filosófico, aquél cuyas raíces se hunden en el común suelo nutricio de la búsqueda de significado y sentido, tanto del Mundo como del propio buscador. Aquello que llamamos *ciencia*, también es producto de la perplejidad originaria que la diversidad y fugacidad engendra en el espíritu humano, y de la desazón aneja a ella, por la sensación de vulnerabilidad, impotencia, fatalidad, desamparo y finitud que *son* la experiencia humana cotidiana y general.

Desde esa perspectiva, la actitud originaria, mítica y arquetípica del exorcista, del chamán y del profeta no pareciera diferenciarse fundamentalmente de la sofisticada y compleja labor del científico.

Dada la evidencia disponible, y tomando en consideración las autoevaluaciones de los físicos que están a la vanguardia del desarrollo de su ciencia, constatamos el entusiasmo general de la comunidad científica, por haber entrado en una etapa de la física, que literalmente estaría borrando los antiguos límites y abriendo perspectivas tan sugerentes como inquietantes, expresadas en frases grandilocuentes tales como: ser capaces no solo ya de leer la naturaleza, sino también la mente de Dios[1], y otras expresiones de semejante calibre.

Dicho esto, expresaremos nuestro propósito, saber de qué modo, este reciente desarrollo de la TSC (Teoría de Súper Cuerdas), que más plausiblemente llamaremos, tal como lo bautizó su padre intelectual – Edward Witten-[2] "Teoría M", puede ser ubicado, en qué coordenadas epistemológicas se encuentra; habida cuenta que es el más firme candidato a Teoría del Todo.

---

[1] Cf. HAWKING, Stephen, *Historia del tiempo*, trad. ORTUÑO, Miguel, 11º ed., Mayor (Barcelona, España: Editorial Crítica, 1989), 224

[2] Cf. PRINCETON UNIVERSITY, Institute for Advanced Study, "School of Natural Sciences," *Home Page, Edward Witten*, http://www.sns.ias.edu/~witten/

1 PERÍODO MÍTICO – MÍSTICO – RELIGIOSO

Estos se consolidan en los albores de la historia, podemos afirmar que nacen en la experiencia religiosa que la contemplación del Cosmos origina en el hombre, la vastedad y casi inmutabilidad de las estrellas, hace nacer en él, muy pronto, un sentimiento que lo desborda y lo subyuga. Puede afirmarse, por lo mismo, que las naciones y culturas (de profunda raigambre agrícola), que tempranamente identificaron a sus dioses con los astros, poniendo las bases de una cosmovisión holística, también han sido los primeros en relacionar *matemáticamente* las posiciones de las estrellas y los movimientos de los planetas con los sucesos generales que concernían a la vida de sus naciones, sus reyes y su cultura:

> *"A partir del segundo milenio a.C Mesopotamia presenció el desarrollo de un gran acervo de literatura profética que fue recolectada y organizada en la obra conocida como Enuma Anu Enlil, alrededor del 1000 a.C. La astronomía de estos augurios era puramente descriptiva y concernía a toda la nación, o bien al rey y a los príncipes. Ninguno se ocupaba del destino de los individuos."*[3]

Lo mismo puede afirmarse de Egipto, China, India, de los Incas, Aztecas y

---

[3] TESTER, Jim, *Historia de la astrología occidental*, 1º ed., Historia (México: Siglo XXI, 1990), p. 26

mayas[4], la asimilación del panteón primordial de las teogonías de estas culturas para explicar sus particulares cosmogonías es condición de posibilidad para entender la fundamental importancia del desarrollo de procedimientos, en los que estarán primariamente indiferenciados el misticismo y la observación cuidadosa de las posiciones y movimientos de los astros-dioses.

Asumiendo la definición propuesta por Jim Tester, expuesta en op. cit. p.23, que para el caso de la astrología (para nosotros un desarrollo y complejización de la mística matemática), entendida como:

"interpretación y predicción de acontecimientos que suceden en la Tierra, así como del carácter y las aptitudes de los hombres, a partir de la medición y el trazo de los movimientos y las posiciones relativas de los cuerpos celestes, estrellas y planetas, incluyendo entre estos últimos al Sol y a la Luna."

Pretensión astrológica íntimamente asociada a un cierto tipo de determinismo cosmológico. Para el caso de la mística matemática egipcia, igualmente podemos constatar la recurrencia de tal finalidad, aunque claramente el acento es bastante más escatológico que en el caso de la protoastrología mesopotámica, la mirada del egipcio cultivado siempre atalayaba la eternidad (así se tornan comprensibles el rigor matemático y geométrico empleados en la construcción de casi todos sus "faraónicos" monumentos), para todo caso baste mencionar la primera proclamación textual (prólogo del papiro copiado por el escriba egipcio Ahmes *circa* s. XVII a.C., cuyo original los egiptólogos lo datan dos siglos antes) del "grial matemático" de todos los tiempos:

*"**Cálculo cuidadoso. La entrada al conocimiento de todas las cosas que existen y todos los secretos oscuros.** Este libro fue copiado fielmente en el año 33, mes cuarto de la estación de la inundación bajo el rey del Alto y Bajo Egipto, A-user-Re, en goce de vida, de un escrito antiguo realizado en el tiempo del rey del Alto y Bajo egipto, Ne-mat'et-Re. Es el escriba Ahmes quien hizo esta copia."*[5]

---

[4] Cf. MIRCEA, Eliade, *Historia de las creencias y de las ideas religiosas*, vol. 1, 3 vols., Ilustrada., Paidós Orientalia Series 63 (Barcelona / Buenos Aires / México: Paidós, 1999); BLEEKER, C. Jouco y WIDENGREN, Geo, *Historia religionum. Manual de Historia de las religiones*, vol. 2, 2 vols. (Madrid, España: Ediciones Cristiandad, 1973); SCHWARZ, Fernando, *Egipto Revelado. Nuevas claves para comprender toda su grandeza*, 1° ed., Colección del canal infinito 36 (Buenos Aires, Argentina: Editorial Kier, 2005)

[5] BECKMANN, Petr, *Historia de [pi]*, trad. ZADUNAISKY, Pablo, Hacía un país de lectores (México: Libraria, 2004), p. 30.

[La negrita es nuestra]

Respecto del conocimiento de los valores de dos números, que han capturado no solo la imaginación y el *éxtasis* matemático de todos los tiempos (el valor de pi y, el llamado número áureo, phi), hay casi unanimidad en la comunidad de egiptólogos, del uso consciente y planificado de los mismos para la construcción de sus monumentos sagrados y funerarios:

> *"(...) los egipcios concedían al valor phi una gran importancia. Como señalan las investigaciones de Schwaller de Lubicz, phi no es solamente un número para el Egipto faraónico, es sobre todo una función creadora. Simboliza el fuego de la vida, (...) En el Timeo, Platón lo llama "la clave del conocimiento físico del universo". Como lo ha demostrado Fournier de Corats, la aplicación de estas proporciones no se limita a la gran pirámide, sino que se extiende a un gran número de monumentos y objetos egipcios, como el altar octogonal de Heliópolis situado delante del obelisco de Neuser-Ra, que simbolizaba el primer rayo de luz de la existencia."* [6]

---

[6] SCHWARZ, Fernando, *Egipto Revelado. Nuevas claves para comprender toda su grandeza*, p. 88

2 PERÍODO MÍSTICO – FILOSÓFICO

Suscribimos también, con Tester (frente a razonables y convincentes evidencias), que el uso y desarrollo sistemático de todas estas protociencias, como en el caso de la astrología, se realizó en la Grecia clásica, y alcanzó su cenit en el mundo helenístico:

> *"Puesto que la astrología propiamente dicha depende de los mapas de los movimientos y las posiciones de los planetas, no pudo surgir antes del desarrollo de la astronomía matemática (...) se puede decir sin temor a equivocarse que algún tipo de astronomía teórica y matemática se desarrolló tardíamente en la historia mesopotámica a partir del siglo V a.C. y que el verdadero florecimiento de la ciencia fue obra de los griegos"*[7]

2.1 ESCUELA PITAGÓRICA

Mencionar a Pitágoras y a Platón en esta corta relación es más que necesario, el caso de los pitagóricos es muy ilustrativo, en cuanto al grado de entusiasmo y *compromiso* que, generó en sus prosélitos, el descubrimiento de relaciones y razones expresables numéricamente, entre, por ejemplo, la música (una realidad intangible, pero experimentable sensorialmente), y las propiedades dimensionales y cuantitativas de los objetos físicos que la

---

[7] TESTER, Jim, *Historia de la astrología occidental*, p. 23.

generan. De ese punto realizaron una extrapolación metodológica y lo convirtieron en principio explicativo de todo lo que existe, como bien lo expresa el padre Copleston: *"Pues bien,* **lo mismo que la armonía musical depende del número, se puede pensar que la armonía del universo depende también del número.** *Los cosmólogos milesios hablaban de un conflicto universal de los elementos contrapuestos, y los pitagóricos, gracias a sus investigaciones en el campo de la música, tal vez pensasen solucionar el problema del «conflicto» recurriendo al concepto de número."*[8] [La negrita es nuestra].

Ya en tiempos relativamente más cercanos a Pitágoras, Aristóteles afirmaba: *"(...) los llamados pitagóricos, que fueron los primeros en cultivar las Matemáticas, no sólo hicieron avanzar a éstas, sino que, nutridos de ellas, creyeron que sus principios eran los principios de todos los entes."*[9]

Filolao, discípulo de Pitágoras, decía que "(...) *todas las cosas que se conocen contienen un número, pues sin él nada sería pensado ni conocido*"[10]

2.2 ESCUELA CLÁSICA (PLATÓN Y ARISTÓTELES)

Por su parte, Platón, de quien Aristóteles se encargó de relievar las creencias que compartía con los pitagóricos, expresándose de él, el Estagirita escribió (discutiendo y apuntalando su propia teoría):

"Además, ¿cómo se ha de admitir que las afecciones del Número y el propio Número sean causas de las cosas que son y se hacen en el Cielo desde el principio y ahora, y que no haya ningún otro número fuera de este número del cual consta el mundo? Pues, cuando en tal parte sitúan la Opinión y la Oportunidad, y un poco más arriba o más abajo la Injusticia y la Decisión o la Mezcla, y dicen como demostración que cada una de estas cosas es un número, y que por este lugar se encuentra ya una multitud de las magnitudes constituidas, porque estas afecciones acompañan a cada lugar, ¿es este mismo número que hay en el Cielo el que debemos

---

[8] COPLESTON, Frederick Charles S.I, *Historia de la filosofía. I, Grecia y Roma*, vol. 1, 2º ed., Colección convivium 9 (Barcelona, España: Ariel, 1974), p. 32

[9] ARISTÓTELES, *Aristotelous ta meta ta physika*, trad. GARCÍA YEBRA, Valentín, 2 vols., 2º ed., Biblioteca Hispánica de Filosofía 65 (Madrid, España: Editorial Gredos, 1982) 985b 20-25.

[10] PÉREZ DE LABORDA, Alfonso, *Estudios filosóficos de historia de la ciencia*, Ensayos 252 (Madrid, España: Encuentro Ediciones, 2005), p. 92, http://www.apl.name/Alfonso/Historia%20de%20la%20ciencia.pdf.

entender que es cada una de estas cosas, u otro distinto de éste? Platón, en efecto, afirma que es otro; sin embargo, también él estima que son números estas cosas y sus causas; pero considera que son causas los números inteligibles, mientras que éstos son sensibles."[11]

Platón mismo, en la *República (politeia)*, y otros de sus escritos, pareciera refundir, por un lado el misticismo de la concepción pitagórica del *número*, a su vez una elaboración y desarrollo de las concepciones místicas y míticas (del número), de egipcios y mesopotámicos, mientras señala la insuficiencia del uso de los mismos para fines tan prosaicos como el comercio o cualquier otra utilidad práctica (común a todas las culturas, incluida la griega, con excepción de los pitagóricos), al mismo tiempo que propone una mejor manera de entender la naturaleza de las matemáticas y del número:

"-(...) convendría implantar por ley esta enseñanza e intentar persuadir a quienes vayan a participar en las más altas funciones de la ciudad para que se acerquen a la logística y se apliquen a ella no de una manera superficial, sino hasta que **lleguen a contemplar la naturaleza de los números con la sola ayuda de la inteligencia y no ejercitándola con miras a las ventas o compras, como los comerciantes y mercachifles**, *sino a la guerra y a la mayor facilidad con que el alma misma pueda volverse de la generación a la verdad y la esencia.*
-Muy bien dicho -contestó.
-Y he aquí -dije yo- que, al haberse hablado ahora de la ciencia relativa a los números, observo también cuán sutil es ésta y cuán beneficiosa en muchos aspectos para nosotros con relación a lo que perseguimos; eso siempre que uno la practique con miras al conocimiento, no al trapicheo.
-¿Por qué? -dijo.
-Por lo que ahora decíamos: porque eleva el alma muy arriba y la obliga **a discurrir sobre los números en sí no tolerando en ningún caso que nadie discuta con ella aduciendo números dotados de cuerpos visibles o palpables** *(...)"*[12]
[La negrita es nuestra]

Platón estaba así superando tanto el misticismo oriental y pitagórico, como

---

[11] ARISTÓTELES, *Aristotelous ta meta ta physika*, 990a 15-30

[12] PLATÓN, *La República*, trad. FERNÁNDEZ GALIANO, Manuel y PABÓN SUÁREZ DE URBINA, José Manuel (España: Instituto de Estudios Políticos, 1969), 525c-d, http://isaiasgarde.myfil.es/get_file?path=/plat-n-la-republica.pdf

el pedestre entendimiento utilitarista y fisicalista que del número tenían finalmente griegos y *bárbaros*, quienes compartían la idea general de que de alguna manera el número se agotaba o identificaba con las cosas, mientras Platón lo separó de las mismas uranizándolo, haciendo posible la teorización (encaminada también a la formación de los gobernantes de la polis) del mismo, de este talante también es Ute Schmidt O.[13], cuando en su perspicaz introducción y traducción a la Física de Aristóteles, refiriéndose al problema del estatus ontológico del número, le parece descubrir cinco *momentos* (mencionaremos a los tres primeros): 1) concepto cotidiano usado por los griegos, 2) comprensión modificada y realizada por Platón y 3) la polémica aristotélica contra la comprensión platónica.

Platón termina por vaciar de cualquier representación empírica al número, aún de la nacida de su asociación con los astros-dioses, o de la identificación pitagórica de los números con las cosas, de estos últimos, sin embargo, conservará –si bien de otro modo- su tendencia a mistificar los números (en el sentido de colocarlos en un ámbito *uránico* y por lo tanto no accesible a todos por igual). Además de mencionar un sólido regular -el dodecaedro- como la forma usada por Dios para delinear el Universo: *"Puesto que todavía había una quinta composición* [dodecaedro]*, el dios la utilizó para el universo cuando lo pintó,"*[14] después de identificar los cuatro elementos clásicos con los demás sólidos regulares:

"Asignemos, pues, la figura cúbica a la tierra, puesto que es la menos móvil de los cuatro tipos y las más maleable de entre los cuerpos y es de toda necesidad que tales cualidades las posea el elemento que tenga las caras más estables. (...) Sea, pues, según el razonamiento correcto y el probable, la figura sólida de la pirámide [tetraedro] *elemento y simiente del fuego, digamos que la segunda en la generación* [octaedro] *corresponde al aire y la tercera* [icosaedro]*, al agua."*[15] [corchetes nuestros]

Platón, además, explicita al punto del paroxismo, la herencia pitagórica de lo que se asume hasta nuestros días (con casi un peso decisorio sobre el *valor científico* de cualquier teoría físico-matemática), por la comunidad

---

[13] Cf. ARISTÓTELES, *Física*, trad. SCHMIDT OSMANCZIK, Ute, 1º ed., Bibliotheca Scriptorum Graecorum et Romanorum Mexicana (México: UNAM, 2001), Introducción, cap. 3 p. XXIII

[14] Cf. PLATÓN, "Timeo o de la Naturaleza," 55c p.28, http://isaiasgarde.myfil.es/get_file?path=/plat-n-timeo.pdf.

[15] Ibid., 55d pp. 28-29.

científica como un elemento constitutivo de toda teoría, nos referimos a la *belleza* de las mismas, belleza que emana de la inmutabilidad de su modelo, como resultado especular de lo eterno. Platón habla por boca de Timeo (timaios) en el diálogo del mismo nombre (contando con el asentimiento inmediato de Sócrates), estableciendo la metodología que iba a señalar hasta nuestros días el norte del conocimiento sobre la naturaleza:

> *"(...) a que* **este universo es el más bello de los seres generados** *y aquél la mejor de las causas. Por ello, engendrado de esta manera,* **fue fabricado según lo que se capta por el razonamiento y la inteligencia y es inmutable.** *(...) Entonces, acerca de la imagen y de su modelo hay que hacer la siguiente distinción en la convicción de que los discursos están emparentados con aquellas cosas que explican: los concernientes al orden estable, firme y evidente con la ayuda de la inteligencia, son estables e infalibles --no deben carecer de nada de cuanto conviene que posean los discursos irrefutables e invulnerables-;* **los que se refieren a lo que ha sido asemejado a lo inmutable, dado que es una imagen, han de ser verosímiles y proporcionales a los infalibles.** *Lo que el ser es a la generación, es la verdad a la creencia. Por tanto, Sócrates, si en muchos temas, los dioses y* **la generación del universo, no llegamos a ser eventualmente capaces de ofrecer un discurso que sea totalmente coherente en todos sus aspectos y exacto***, no te admires."*[16] [La negrita es nuestra]

Como vemos, Platón, no ignora en modo alguno, más bien sabe que es una consecuencia lógica de su *sistema*, que los discursos –nosotros diríamos las teorías- que versan sobre lo semejante (entiéndase los principios que ordenan la naturaleza sujeta a la generación) a lo inmutable, y esta semejanza es por tanto una imagen de lo inmutable, han de aspirar sólo al máximo de verosimilitud y proporcionalidad posible, a aquellos discursos que sí son estables e infalibles (por estar concernidos a un orden estable, firme, evidente y por tanto inteligible), estos discursos son irrefutables y no son vulnerables en modo alguno.

Por tal razón, en este pasaje del Timeo, Platón comienza estableciendo que, siendo este Universo generado por la mejor de las causas, por tanto es el más bello de los seres generados, y tal belleza radica en haber sido fabricado *según* lo que es captable por la inteligencia y el razonamiento, lo cual es ni más ni menos que proclamar la intrínseca inteligibilidad del Universo. Pero, no es una inteligibilidad que pueda expresarse en una teoría totalmente coherente y exacta, es decir, hay una autorrestricción que *no debe admirarnos*; Platón, pues, no admitiría tal cosa, como una *everything theory* (Teoría del

---

[16] Ibid., p. 10.

todo), no legitimaría de ninguna manera el acabamiento de la inteligibilidad de la naturaleza a partir de la inteligibilidad –ciertamente más afín a la racionalidad humana- de los principios ordenadores (uránicos) de la misma.

Por su parte Aristóteles, pretende tomar distancia de Platón al afirmar – respecto a la naturaleza de los números- que su diferencia con él estriba no en la consideración del *ser* de los números sino del *modo de ser* de los mismos:

> *"Necesariamente, si existen las Cosas matemáticas, estarán o bien en las cosas sensibles, según dicen algunos, o separadas de las cosas sensibles (pues también esto lo dicen algunos). Y, si no están en ninguna de las dos situaciones, o no existen en absoluto o existen de otra manera; de suerte que* **nuestra duda no se referirá a su existencia, sino a su modo de existir.**"[17] [La negrita es nuestra].

Mas adelante dirá en 1077b 15, apelando a la *polisemia* de los sentidos en que puede decirse *SER,* siendo una de ellas la referida a las *cosas matemáticas*, en 1078ª dirá, respecto de la geometría, y en general de las matemáticas, de quienes se puede decir con absoluta verdad que tendrán como objeto de estudio no las cosas sensibles ni separadas de lo sensible, que sin embargo puedan ser accidentalmente sensibles, ésta, su sensibilidad, no será su objeto de estudio, sino una determinada cualidad (su capacidad de ser medibles mediante los números). Como medibles son, su superficie y su longitud, a modo de accidentes propios de los entes, en 1078ª 5-10, Aristóteles propondrá una respuesta a la pregunta por la exactitud de la matemática, cuánto mayor sea su anterioridad respecto del enunciado (haciendo referencia a la mayor abstracción de sus formulaciones), tanto mayor será su exactitud. Es decir, cuánto más simples sean sus enunciados, entendiendo simple por la capacidad de enfocar aspectos cada vez más alejados de los caracteres físicos que están inmediatamente bajo nuestra percepción empírica, y que resultan siendo accidentales, tanto más será la exactitud de sus estudios.

A partir de esta metodología ejercida por los matemáticos, Aristóteles parece conceder idoneidad a la misma, pues aconseja seguirla siempre como la mejor manera de estudiar un objeto, *"considerándolo como separado aunque no lo sea. Que es precisamente lo que hacen el aritmético y el geómetra"*[18]. Además de seguirla las ciencias que estudian la armonía y la óptica, que consideran sus objetos de estudio no como visión ni sonido, sino como líneas y números, lo mismo ocurriría con la mecánica. Enfatiza asimismo que éstas deben ser

---

[17] ARISTÓTELES, *Aristotelous ta meta ta physika*, 1076a 30-35

[18] Ibid., 1078a 20

afecciones propias de la visión y del sonido, este carácter es el resaltante, pues Aristóteles estaría afirmando que los entes matemáticos son afecciones propias de la forma en que conocemos la realidad.

No se trataría de una simple división metodológica sin ningún fundamento en la forma como conocemos el Cosmos, sino que tendría una relación de propiedad con ella, es decir, de alguna manera nuestros objetos formales de estudio no deberían responder solo a un criterio de formulación que posibilite la formalización rigurosa de la misma, sino que debe impedirse perder de vista el necesario vínculo de propiedad de lo así construido con nuestra experiencia total del Cosmos. Esta manera de entender la prescripción aristotélica supera la tradicional división entre objeto formal y objeto material de estudio, porque acentúa la experiencia *dianoica* del hombre como una totalidad, cuya condición de posibilidad es precisamente el de su *holisticidad*.

Aristóteles también señala, dado que el Bien y la belleza no son lo mismo ya que si bien ambas se dan en las cosas animadas, solo la belleza se da en las inanimadas, y siendo que las matemáticas estudian sin nombrarlos sus efectos y proporciones; ya que las especies de lo Bello, que son el orden, la simetría y la delimitación, son enseñadas principalmente por las matemáticas; es comprensible, que ya que estas especies son causas de otras cosas, también ella considere como causa a la Belleza misma.[19] Mas adelante veremos cómo estas especies de lo Bello, serán determinantes en la formulación de la Teoría del Todo o teoría M.

Así la principal diferencia, entre Pitágoras y Platón radica en la separación que éste hace de aquello que aquél había fundido como idénticos (números y cosas), quedando los números como el modo de inteligibilidad de las cosas, es decir, que platón terminaría suscribiendo una superioridad del número sobre la ousía, mientras Aristóteles haría lo contrario, al entender al número como lo propio de las cosas, por lo tanto no separadas de ellas, pero al mismo tiempo dianoicamente separables, atendiendo al modo humano de experienciar el Cosmos.

Así mirada las cosas podemos, preliminarmente, adelantar que parte predominante de las pretensiones de la actual física-matemática se orienta por un pitagorismo exacerbado, con una salvedad, el pitagorismo nunca pudo superar su propio descubrimiento de los números irracionales, mientras la física actual pretende haber asumido las consecuencias del principio de incertidumbre de Heisenberg, en lo que se puede considerar

---

[19] Cf.Ibid., 1078a 30- 1078b 5

como una teoría cuántica de la gravedad.

3 PERÍODO CIENTÍFICO CLÁSICO

Está signado por el predominio de una progresiva visión mecanicista y determinista del Universo, la que tiene como área privilegiada –pero no exclusiva- de desarrollo la astronomía y la cosmología, este determinismo tuvo un efecto sintomático bastante sugerente, el de ir dejando, cada vez más, sin función alguna a la divinidad, que en Pitágoras era la más perfecta de las expresiones numéricas, mientras en Platón tenía una versión demiúrgica muy activa y en Aristóteles fungía de motor inmóvil.

Desde la drástica separación entre la *res cogitans* y la *res extensa* cartesiana, y el Deus ex machina garante de la unidad entre pensar y ser, pasando por el deismo newtoniano, terminando en el cenit de este itinerario, a saber, en la formulación estricta del más riguroso determinismo cientificista:

> *""Nous devons donc envisager l'état présent de l'univers, comme l'effet de son état antérieur, et comme la cause de celui qui va suivre. Une intelligence qui, pour un instant donné, connaîtrait toutes les forces dont la nature est animée, et la situation respective des êtres qui la composent, si d'ailleurs elle était assez vaste pour soumettre ces données à l'analyse, embrasserait dans la même formule les mouvemens des plus grands corps de l'univers et ceux du plus léger atome : rien ne serait incertain pour elle, et l'avenir comme le passé, serait présent à ses yeux."*[20]

---

[20] LAPLACE, Pierre-Simon, "Essai philosophique sur les probabilités - Google Libros," trad. CORREA S., Julio H., 1829,
http://books.google.com.pe/books?printsec=frontcover&id=1YQPAAAAQAAJ&output=text&pg=PA3

Por tanto, debemos considerar el estado actual del universo como el efecto de su estado anterior, y como la causa de lo que va a seguir. Una inteligencia que, en un tiempo dado, conoce todas las fuerzas que animan a la naturaleza y la situación respectiva de los seres que la componen, si de hecho es lo suficientemente potente para someter estos datos al análisis, resolvería en la misma fórmula la solución de los cuerpos más grandes del universo como los del átomo más ligero: nada sería incierto para ella, y el futuro como el pasado estarían presentes ante sus ojos. [traducción nuestra]

Los principios geométricos que gobernaron la construcción de la visión del Universo de esta época fueron los de Euclides, sobre los que se desarrollaron los modelos mecanicistas más disímiles, tales como el Universo geocéntrico de Ptolomeo como el heliocéntrico de Copérnico y Galileo; el Renacimiento signado con el platonismo mistificador de los números también tuvo desarrollos protocientífos, piénsese en la alquimia y la renovada astrología, de los círculos herméticos europeos.

La audaz construcción, a partir de un principio unificador, como las ecuaciones del movimiento de Newton, de un modelo del universo, en el que no hubiera separación entre la realidad uránica y la terrestre, la respectiva derivación de aquella de la descripción newtoniana de la gravedad, y el determinismo total de Laplace, descartando la necesidad de la hipótesis divina para mantener y conocer exhaustivamente el Universo todo. El conocimiento de la inexorable concatenación causal de un estado que transcurre en un intervalo definido de tiempo, de sus fuerzas animadoras así como la situación de la totalidad de los seres conformantes, aunado a una inteligencia suficientemente poderosa para unificarlos mediante el análisis y la formulación de una ecuación matemática, podría explicar la totalidad de los cuerpos del Universo, del más grande al más pequeño.

Volveremos a escuchar estas grandilocuentes aspiraciones en la hora actual de la física, podríamos decir que es la formulación más precisa del determinismo clásico, aquella que no dejó de hacer sentir su grandiosidad aún en científicos nacidos en la era de la mecánica cuántica. Tales como Maxwell y Einstein.

Es constatable que de un cierto mecanicismo teísta (medieval y renacentista, hasta Kepler y Galileo), se pasó a un mecanicismo deísta (como el de Descartes y Newton, en la que de la regularidad del acontecer del Mundo, expresable matemáticamente, se postuló a Dios como el garante de esta misma regularidad; Dios es, por última vez, garante de la racionalidad del Mundo), para luego transitar hacía el mecanicismo Laplaceano, autosuficiente, en el que el Deus ex machina ya no tiene ninguna función que cumplir. Desde Kepler (gracias a los datos de las observaciones astronómicas de Tycho Brahe), se tuvo que renunciar a la confianza en la identidad apriorística total entre los criterios dictados por la *razón matemática pitagorizante* y las observaciones empíricas del Universo, lo que obligó a un reacomodo precursor de la nueva imagen del Mundo, ejemplificado por la renuncia de Kepler a construir su modelo astronómico ya no solo como geocéntrico, tal como lo propuso Copérnico, sino a la renuncia de construirlo –las trayectorias planetarias- en base a las trayectorias circuncéntricas productos de las áreas circunscritas por los vértices de los sólidos geométricos pitagóricos y platónicos (Cf. supra pp. 10-11), Kepler es uno de los primeros en ser consciente que Dios, bien puede haber decidido no utilizar lo que nos parece claramente mejor o más perfecto para crear el orden del Mundo:

> *"But if the free choice of ratios had been effective here, consonances wich are altogether perfect but not augmented or diminished would have been taken. Accordingly we find that God the creator did not wish to introduce harmonic ratios between the sums of the delays added together to form the periodic times"*[21]

Pero si la libre elección de las relaciones había sido eficaz aquí, las armonías que son en conjunto perfectas, pero no aumentadas o disminuidas habrían sido tomadas. En consecuencia nos encontramos con que el Dios creador no ha querido introducir unas relaciones armónicas entre las sumas de los retrasos que se suman para formar los tiempos periódicos.
[Traducción nuestra]

En relación íntima con lo anterior, de la aplicación del movimiento elíptico de los planetas que la observación nos proporciona en detrimento del movimiento circular que la razón pitagórica-platonizante consagraba, Kepler concluirá:

> *"Moreover, I demonstrated at the same time that the planetary orbit is elliptical and the sun, the source of movement, is at one of the foci of this ellipse; an so, when the planet has completed a quarter of its total circuit from its aphelion, then it is exactly at its mean distance from the sun, midway between its greatest distance at*

---

[21] KEPLER, Johannes, *Harmonies of the World*, trad. GLENN WALLIS, Charles (Forgotten Books, 1939), p. 33

*the aphelion and its least at the perihelio."*²²

Además, he demostrado al mismo tiempo que la órbita del planeta [refiriéndose a Marte] es elíptica y el sol, la fuente del movimiento, está en uno de los focos de esta elipse, de manera, que cuando el planeta ha completado un cuarto de su circuito total de su afelio, entonces está exactamente en su distancia media al Sol, a medio camino entre la mayor distancia en el afelio y su mínimo en el perihelio.
[Traducción y corchetes nuestros]

Newton sistematizará y dará unidad lógica-axiomática a los logros de Kepler, a través de la aplicación de las poderosas herramientas matemáticas que, a la par que Leibniz, había desarrollado, plasmándolos en su famosa obra *Philosophiae Naturalis Principia Matemática*, especialmente al deducir de la tercera ley orbital de Kepler la ley de gravitación universal.

Kepler, si bien había sido capaz de formular coherentemente las leyes orbitales planetarias, según el consenso de los expertos, no sabía la razón de tales comportamientos, por el contrario, los principios y leyes que Newton establece en su obra si lo harán capaz –a Newton- de dar razón a través del establecimiento de la ley de gravitación universal (recordemos que la gravedad es siempre una fuerza atractiva, a diferencia del pensamiento de Kepler, con su fallida interpretación magnética bipolar de las fuerzas que mueven a los planetas), caracterizando hasta Einstein, con su genio a la mecánica clásica. A partir de Newton, con sus tres leyes del movimiento y de la gravedad, es posible aplicar con rigor un mismo conjunto de principios matemáticamente expresables para describir el Universo en su conjunto, desde el ámbito celeste al terrestre. Sin embargo, Dios seguía, en el sistema gravitatorio newtoniano, teniendo la función de reparar los *desperfectos* de las órbitas tanto de Saturno como de Júpiter, Newton creyó que su tercera ley del movimiento predecía un comportamiento irregular e inestable de las órbitas de estos planetas, y ya que no se producían las cataclísmicas consecuencias predichas, ello significaba que Dios las volvía a poner en la órbita correcta (solución que hizo las delicias de Leibniz, pues resultaría que Dios es un pésimo relojero, lo que no dejó de *enrostrárselo* a Newton)

Fue Laplace quien desarrolló una explicación más plausible para dicho efecto, producto de la perturbación gravitatoria de los dos planetas más grandes de nuestro vecindario solar local, y lo hizo sin salir del modelo astronómico proporcionado por Newton y su fuerza gravitacional, sino más

---

²² Ibid.19-20

bien ahondó en sus principios, ayudado de un instrumental matemático, en este aspecto, más refinado que el que Newton desarrolló, gracias a las contribuciones de Joseph-Louis Lagrange (1736-1813) y Adrien-Marie Legendre (1752-1833). Las diferencias de los recorridos orbitales de Júpiter y Saturno (expansión y contracción), fueron inicialmente elementos incontrolables e indescriptibles por Newton, Laplace pudo *exorcizarlos* midiendo los períodos temporales en las que estas perturbaciones gravitatorias tienen lugar: 929 años, al cumplirse ese período, las trayectorias orbitales de esos planetas se corrigen solas, sin necesidad de recurrir a la mano de Dios, tal como lo entiende también Ekeland, respecto de este logro laplaciano:

> *"Es así que Laplace, por ejemplo, entre 1785 y 1788, descubre un término debido a la atracción mutua de los dos planetas en las ecuaciones del movimiento de Júpiter y Saturno, con un período de más o menos 900 años, lo cual le permitió poner en perfecto acuerdo las predicciones teóricas con las observaciones (oposición de Júpiter y Saturno) desde 240 a.C. hasta 1715, o sea casi dos mil años. (...) Los métodos matemáticos utilizados por Laplace (...) fueron capaces de descubrir -de manera muy ingeniosa, por cierto- movimientos periódicos o desviaciones constantes. En efecto, una de las principales aportaciones de esta teoría es que no hay una desviación constante que, por ejemplo, lleve a la Tierra lenta pero seguramente, a distanciarse del Sol o a acercarse a él, con las consecuencias que podemos imaginar."*[23]

Y así la zozobrante travesía de la adolescente ciencia, fue accediendo a su madurez, se había aparentemente no sólo recuperado sino superado, con Laplace, el poder casi demiúrgico con que había comenzado en la noche de los tiempos, hasta prescindir de cualquier elemento no controlable ni expresable en términos matemáticos, la ciencia se había convertido en el supremo tribunal de la realidad, el acuerdo entre la observación y el cálculo solo admitiría de ahí en adelante progresos en términos de afinación de sus instrumentos de medición tanto tecnológicos como matemáticos.

Tal autocomprensión, del mecanicismo clásico, terminó abruptamente, cuando justamente, entre otros motivos, se hizo posible, la exploración y la investigación de, por un lado, el total replanteo de la física newtoniana por parte de Einstein, reemplazando la noción de atracción a distancia de la gravedad clásica, por la postulación de una dimensión de la realidad física, añadiendo a las tres conocidas, una cuarta: el espacio-tiempo, de la mecánica relativista. Las nociones espacio y tiempo absoluto fueron derogadas para ser reemplazadas por una especie de tejido cuya urdimbre es

---

[23] EKELAND, Ivar, *El caos*, 1º ed. (México: Siglo XXI, 2002), p. 37

espacio-temporal; por otra parte, la exploración del mundo subatómico, exigió la postulación de nuevos principios explicativos (mecánica cuántica), que dieran cuenta de los acontecimientos que en ese microcosmos tenía lugar, madurando prontamente en una teoría matemática y lógicamente consistente, entre sus principios y los experimentos, que en esta área se ha ido realizando desde la primera década del s. XX hasta nuestros días, con la altísima sofisticación y complejidad que implica la puesta en marcha del LHC (Large Hadron Collider), o gran colisionador de hadrones. Esta mecánica cuántica tiene como principio fundamental uno llamado de *Incertidumbre,* la integración coherente y consistente de ella en cualquier intento de lograr una teoría física total del universo, determina su ubicación en la clasificación de clásica o no.

4 FÍSICA RELATIVISTA COMO CANTO DEL CISNE DE LA MECÁNICA CLÁSICA

Al final del s. XIX, habiéndose consolidado la unificación de la fuerza eléctrica y la fuerza magnética, por obra del gran físico-matemático escocés Maxwell, en el campo matemático también se desarrollaron nuevasgeometrías no euclídeas, negándose uno de los axiomas del sistema euclídeo, sin incurrir por ello en contradicción, es así que el desarrollo de poderosos instrumentos de análisis matemático como la construcción de sofisticados instrumentos de medición, con una tecnología que la aplicación de la electricidad y el magnetismo harían posible, todo esto llevó a un estado de disociación entre algunas predicciones y lo que realmente se observaba en los experimentos.

La teoría de la relatividad, a pesar de construirse sobre una geometría no euclídea, sigue siendo clásica, en el sentido de asentarse en una idea mecanicista que más allá de su distancia con el newtoniano (deísta) y del laplaciano (totalmente desacralizado), comparte todavía, especialmente con el último, la fe en la racionalidad total del Mundo, una racionalidad que se apunta a sí misma, que se autocontiene y que no apunta más hacía nada extrínseco o trascendente a ella. Una racionalidad, ciertamente cada vez más compleja, captable solo a través de sofisticadas herramientas matemáticas y experimentales.

Pero, esta genial y monumental construcción teórica, obra de Albert Einstein, será la última gran pretensión del mecanicismo clásico, en su versión relativista, será el canto del cisne[24] de la física clásica, el último intento de exorcizar la realidad, reduciéndola a un conjunto finito de principios explicativos que den cuenta del universo todo. Debemos decir que la física relativista ha sido ciertamente sumamente exitosa en sus predicciones, hasta el punto de predecir su propio ocaso, nos referimos a las llamadas singularidades: el Big Bang y los agujeros negros, situaciones físicas límites donde la *vigencia* de las leyes físicas relativistas colapsa, son un límite infranqueable para la capacidad explicativa y predictiva de la teoría.

La actitud mayoritaria frente a esta realidad ha sido la de soslayarla, y excluir la posibilidad de vislumbrar un *más allá* de las primeras fracciones de tiempo hasta donde la mirada relativista ha penetrado. Algunos físicos, tales como Stephen Hawking, se han especializado en aguzar la mirada, y a pesar de los límites metodológicos de los propios principios relativistas, han logrado atisbar algunas inquietantes propiedades de estos sucesos límites del Universo, al hacerlo han experimentado una mayor conciencia de la necesidad de la construcción de una teoría que pueda abolir dichos límites, y esto solo ocurrirá cuando la física relativista de Einstein pueda conciliarse con la otra gran física del siglo XX, la cuántica. Esta teoría ya tiene algunos nombres, pero básicamente expresan la idea de una teoría cuántica de la gravedad.

---

[24] Aludiendo a la vieja leyenda clásica, que cuenta que el cisne, la más bella de las aves, extrañamente, durante la casi totalidad de su existencia no ningún sonido particularmente bello, pero presintiendo inminente su muerte, emite el canto más bello imaginable entre las aves.

5 PERÍODO CUÁNTICO

Seguiremos para este apartado las líneas principales de este desarrollo, con los ojos de uno de sus principales responsables, Werner Heisenberg[25], la problemática inicial tuvo que ver con un fenómeno que aparentemente no concernía el corazón de la física atómica, el problema de lo que a partir de Plank se denominará el del átomo radiante, cuyos intentos realizados por Jeans y Lord Rayleigh dieron con el fracaso, iniciado el siglo XX, Planck logró formular matemáticamente la ley de radiación calórica, que básicamente establece cantidades discretas de energía para la radiación atómica, lo que no podía vincularse consistentemente con los principios de la mecánica clásica, cosa de lo que Plank era plenamente consciente. El siguiente hito fue Einstein, que aplicó los datos de Plank para explicar el efecto fotoeléctrico, así como al calor específico de los cuerpos sólidos, lo que significó básicamente la confirmación de la existencia del cuánto de acción de Planck, así como también de una visión completamente distinta de la luz a la proporcionada por la física clásica que desde Maxwell, se interpretaba como de naturaleza ondulatoria, mientras con la física cuántica se interpreta como paquetes de energía con el desplazamiento más veloz posible.

---

[25] HEISENBERG, Werner Karl, *Física y Filosofía*, trad. DE TEZANOS PINTO, Fausto (Buenos Aires, Argentina: Ediciones la Isla, 1959), http://www.ignaciodarnaude.com/textos_diversos/Heisenberg,Fisica%20y%20Filosofia.pdf

La explicación sobre la estabilidad atómica, cosa que no tiene paralelo a escalas masivas, tales como las proporcionadas, entre otros, por los sistemas planetarios como el nuestro, fue algo que intrigaba a los físicos, hasta la llegada de Bohr, quien en 1913, comprendió que el átomo solo puede existir en estados estacionarios discretos, *el más bajo de los cuales es su estado normal*, por lo que siempre, después de una interacción atómica cualquiera regresa a su estado de estabilidad normal. La conclusión fundamental era que el electrón estaba en permanente movimiento, aún sin que el sistema atómico al cuál perteneciera estuviera interactuando con otro, mientras en otra perspectiva se acentuaba, siguiendo unos experimentos como los de Compton[26], la naturaleza dual del átomo: ondulatoria y corpuscular. Para Heisenberg lo que define a la mecánica cuántica es la imposibilidad de intercambiar las matrices que representan la posición y la cantidad de movimiento del electrón.

> *"Era como si se debiese escribir las leyes mecánicas, no con ecuaciones entre las velocidades y posiciones del electrón, sino entre las frecuencias y amplitudes de su desarrollo en series de Fourier. Partiendo de tales ecuaciones, y con muy poco cambio, podía esperarse llegar a relaciones entre esas cantidades que correspondieran a frecuencias e intensidades de la radiación emitida, aun para órbitas pequeñas, y para el estado normal del átomo. Este plan se llevó, efectivamente, a cabo. En el verano de 1925 condujo a un formalismo matemático llamado mecánica de las matrices o, más genéricamente, mecánica cuántica. Las ecuaciones del movimiento de la mecánica de Newton fueron reemplazadas por ecuaciones similares entre matrices. (...) Más tarde, las investigaciones de Born, Jordan y Dirac demostraron que las matrices que representan la posición y la cantidad de movimiento del electrón, no pueden intercambiarse. Este último hecho demuestra claramente la esencial diferencia entre mecánica cuántica y mecánica clásica."*[27]

Esto desembocó en la imposibilidad experimental de conocer simultáneamente, la velocidad del electrón y su posición actual, por lo tanto la capacidad predictiva de la física estaba profundamente mellada, pues ni siquiera podía calcularse la posición en un instante posterior de un electrón cualquiera. Sin embargo, los físicos cuánticos invirtieron sus propios criterios y disciplina intelectual, para entender que más bien los primeros errores o fallas en las mediciones, hacen posible traducir al lenguaje matemático-cuántico los resultados de la observación, incluyendo la función de probabilidad que representa la situación experimentalmente controlada

---

[26] Cf. Ibid., p. 21

[27] Ibid., p. 25

durante el proceso de medición, añadiendo los errores de medida. Es decir, que hay una cantidad definida por el cálculo para predecir todos los estados futuros probables de determinado objeto expuesto a una medición inicial. De otro modo, los errores son los que catalizan la capacidad predictiva cuántica, solo a partir de allí su capacidad predictiva se hace posible. El límite para las inexactitudes, sin embargo, será siempre la constante de Planck *dividido por la masa de la partícula*.

Hasta este punto las imágenes ondulatorias y corpusculares, tanto en su aspecto teórico como experimental, del átomo y sus elementos, no habían hecho más que agudizarse (1926), a pesar de ello, de Broglie y Schrodinger habían, particularmente el último, logrado un conjunto de ecuaciones consistentes en clave ondulatoria, además de haber demostrado la equivalencia matemática con la resultante de aplicar la clave cuántica, logrando explicar asimismo los niveles de energía del átomo de hidrógeno como frecuencias, es decir como ondas. En una reunión posterior en Copenhague, los límites de tal propuesta fueron puestas al desnudo, cuando no fue capaz de explicar, ni siquiera la fórmula de radiación térmica de Planck. Bohr propuso también, entender el número definido formal de probabilidad, como una onda de probabilidad multidimensional (por lo que Heisenberg la denominó una cantidad matemática *mas bien abstracta)*, no como una onda electromagnética o elástica tridimensional, esto significaba, que para definir formalmente la onda de probabilidad, era necesario ubicarla en un espacio con dimensiones mayores a las tres de nuestra experiencia cotidiana o a las cuatro de la física relativista. La multidimensionalidad es pues, parte central de la nueva física cuántica.

Bohr, propuso en 1927, una nueva visión para conciliar ambas imágenes físicas: la ondulatoria y la corpuscular, para ello era necesario aceptar una visión de complementariedad entre ambas imágenes, siendo para ello necesario aceptar las limitaciones que solo mediante el principio de incertidumbre es posible calcular, esta nueva comprensión fue sometida a un exhaustivo escrutinio, en la llamada *conferencia de Solvay*, en la que los físicos *clásicos* con Einstein, así como Schrodinger, de Broglie, a la cabeza, pusieron a prueba la coherencia, consistencia y capacidad descriptiva y predictiva de la física cuántica, encarnada por la llamada Escuela de Copenhague, con Bohr y Heisenberg como sus valedores. La nueva mecánica salió airosa en todas las pruebas, a pesar de las duras críticas provenientes del campo clásico, a pesar de Einstein, Dios sí juega a los dados.

Sin embargo, Einstein mantuvo su reticencia a aceptarlo hasta el final de sus días, más bien, no satisfecho con la visión complementarista de Bohr, entre la imagen corpuscular cuántica (que incluye un elemento necesario de indeterminación e incertidumbre en los resultados de todo experimento y observación científica, aleatoriedad ciertamente finita en sus posibilidades de *actualización*, por estar limitada por la constante de Plank) y la imagen ondulatoria clásica (que conserva la predictibilidad agotante y precisa de estos mismos resultados, por lo tanto, de un determinismo exhaustivo de todo suceso en el Universo); se propuso, al modo de Maxwell, unificar las, que hasta cuando él mantenía un firme liderazgo en la física del s. XX (aprox. hasta la década del 30), llamadas dos fuerzas fundamentales de la naturaleza: la fuerza electromagnética y la fuerza de la gravedad, este vano intento llenó las últimas décadas de su vida. Pareciera ser, que se ensimismó tanto en tal proyecto que ignoraba, que gracias al desarrollo de los principios cuánticos y del cada vez más sofisticado instrumental de experimentación, se habían hecho necesarios postular la existencia de dos fuerzas más: las fuerzas nuclear fuerte y la nuclear débil, por lo tanto que un proyecto como el suyo, debería incluirlos.

Parecía que el sueño laplaciano y Einsteniano, en general clásico, de la posibilidad de construir una teoría, que agotara mediante un conjunto finito de formulaciones matemáticas la totalidad de los sucesos presentes, pasados y futuros del Universo, por lo tanto de la racionalidad mecanicista en clave determinista había llegado a su fin, con la muerte de Einstein. Ciertamente aun ahora esto parece incontrovertible, sin embargo, el viejo sueño renacería, pero en la versión corregida y aumentada de la vigente teoría de las supercuerdas o teoría M. Como afirmaba ya Heisenberg, identificando los pasos que no pueden ya desandarse en el camino a la construcción de la llamada Teoría del Todo:

> *Puede decirse que la física clásica no es más que esa idealización en la cual podemos hablar acerca de partes del mundo sin referencia alguna a nosotros mismos. Su éxito ha conducido al ideal general de una descripción objetiva del mundo. La objetividad se ha convertido en el criterio decisivo para juzgar todo resultado científico. ¿Cumple la interpretación de Copenhague con este ideal? Quizá se pueda decir que la teoría cuántica corresponde a este ideal tanto como es posible. La verdad es que la teoría cuántica no contiene rasgos genuinamente subjetivos; no introduce la mente del físico como una parte del acontecimiento atómico. Pero arranca de la división del mundo en el "objeto", por un lado, y el resto del mundo por otro, y del hecho de que, al menos para describir el resto del mundo, usamos los conceptos clásicos. Esta división es arbitraria, y surge históricamente como una consecuencia directa de nuestro método científico; el empleo de los conceptos clásicos es, en última instancia, una consecuencia del modo humano de pensar. Pero esto es ya una referencia a nosotros mismos, y en este sentido nuestra descripción no es*

La Teoría del Todo como última explicación o ¿exploración? matemática del universo

completamente objetiva."[28]

---

[28] Ibid., p. 37

6 PERÍODO ACTUAL: TEORÍA DE LAS CUERDAS Y TEORÍA M

La necesidad de encontrar o construir una teoría que elimine las áreas límites de lo que la física relativista clásica (aún en uso exitoso a nivel cósmico) identificó como singularidades, llevó a reconsiderar la posibilidad de las teorías, que en un inicio fueron llamadas de gran unificación, es decir aquellas que pudieran dar cuenta de las tres últimas fuerzas fundamentales del universo: electromagnética, nuclear fuerte y nuclear débil, a excepción de la gravitatoria, mediante una teoría que incluyera asimismo el principio de incertidumbre o indeterminación de Heisenberg; que a su vez, fundamentará de modo consistente el llamado modelo estándar de la física de partículas[29], que es la concreción a nivel descriptivo de los principios de la mecánica cuántica. Tal cometido ha sido logrado un pequeño número de veces, una de las más reconocidas es la que realizaron entre 1967 y 1970, Glashow, Salam, y Weinberg (su teoría es llamada electrodébil, por solo haber unificado las fuerzas electromagnética y la débil), en 1979 fueron galardonados con el Nobel de física, y en 1983 se descubrieron en el CERN

---

[29] Cf. Contemporary Physics Education Project, "La Aventura de las Partículas," Agosto 19, 1996,
http://www.madrimasd.org/cienciaysociedad/ateneo/dossier/particulas/aventura/particle/spanish/index.html

los bosones W y Z, cuya existencia había sido predicha por la teoría, confirmándose así, desde un punto de vista clásico la objetividad de la misma.

La década siguiente, en 1984, vio la luz la llamada primera revolución de la teoría de cuerdas[30], de las manos de Michael Green y John Schwarz[31], mediante la anulación de la anomalía en las cuerdas de tipo I (los detalles a este respecto son innecesarios para los modestos fines de nuestra exposición). Lo más importante es entender que a partir de este acontecimiento las esperanzas para la construcción de una teoría del Todo se reforzaron grandemente.

Sin embargo, con la profundización en el seguimiento de las conclusiones, a partir de los principios matemáticos de la teoría de cuerdas, se llegó a formular de ella, cinco versiones diferentes, y autoconsistentes consigo mismas. El panorama era desalentador, parecía haberse llegado a un punto muerto (pues habiendo una sola realidad, no podían haber cinco versiones del Todo), hasta la exposición del genial físico norteamericano Edward Witten, suceso del cual tenemos la siguiente versión:

"Lo que Witten expuso a la exigente y, a su vez, perpleja audiencia de Princeton era una versión bastante revolucionaria y muy bien fundamentada matemáticamente de las supercuerdas. En su estructura teórica se fundamenta con mucha originalidad la compactificación de las fuerzas de la naturaleza, incluyendo la gravedad; se deja un gran espacio matemático para eliminar las anomalías o perturbaciones, y se propugna con coherencia que la última estructura de la materia, lo que estaría bajo los quarks serían unos diminutas círculos semejantes a una membrana (...)"

"Ed Witten, en su trabajo, presentó amplias evidencias matemáticas de que las cinco teorías obtenidas de la primera revolución, junto con otra conocida como la

---

[30] Que postulan la existencia de objetos aún más elementales que los descritos por el modelo estándar, y que consisten básicamente en objetos unidimensionales que vibran en un espacio de más de cuatro dimensiones, a modos de buclés, las diferentes vibraciones de la que estas cuerdas son capaces, son otras tantas realizaciones expresadas como partículas específicas, tales como los leptones (de los que el electrón es un ejemplo), los quarks y las partículas portadoras de fuerza.

[31] Para este apartado cf. GREENE, Brian, *El Universo Elegante*, 1º ed. (Barcelona, España: Editorial Crítica, 2006), http://www.cida.ve/~kervinv/www/Video_teoria_cuerdas/Brian_Greenee_-_El_Universo_Elegante.pdf

supergravedad en once dimensiones, eran de hecho parte de una teoría inherentemente cuántica y no perturbativa conocida como «teoría - M» (de las palabras misterio, magia o matriz). Las seis teorías están conectadas entre sí por una serie de simetrías de dualidad T, S y U. También en la teoría propugnada por Witten se encuentran implícitas muchas evidencias de que la teoría M no es sólo la suma de las partes, pero igual se hace difícil concluir cuál podría ser su estructura definitiva."[32]

Esto significó la segunda revolución en teoría de cuerdas, una de las peculiaridades de esta teoría, a juicio del autor de la misma, según el testimonio recogido por Brian Greene: (...) *"«la teoría de cuerdas es una parte de la física del siglo XXI que, por azar, cayó en el siglo XX», una valoración que fue realizada primero por el famoso físico italiano Daniele Amati."*[33] Con un marco conceptual que articula mecanismos de dualidad y supersimetría, así como otros elementos, Witten, pudo demostrar la existencia de una sexta teoría que bautizó como M, que sería la teoría subyacente a las cinco versiones anteriores, se hicieron necesarias algunas radicales modificaciones que, por ejemplo, afectaron la inicial unidimensionalidad de las cuerdas, planteándose la existencia de cuerdas bidimensionales y, por último, de las Branas o Membranas multidimensionales, así como la aceptación de lo que al principio se relegó como una excentricidad (la teoría de supergravedad, desarrollada por Michael Duff), respecto de la necesidad de once dimensiones, diez espaciales y una temporal.

Otra peculiaridad, es que se reconoce que aún es desconocida la forma matemática definitiva que adoptará la Teoría M, debido a la inexistencia de un instrumental matemático suficientemente poderoso para expresarla, por ese motivo Witten y otros destacados físicos se han visto en la necesidad de explorar y crear campos matemáticos inusitados para la práctica matemática convencional, tales esfuerzos han sido reconocidos por la comunidad matemática internacional, con el otorgamiento de la *medalla Fields* - equivalente en prestigio al Nobel- a Witten, en 1990, otorgada excepcionalmente a un físico por primera vez.

Es tan profundamente compleja esta teoría, que su autor vislumbra que son necesarias una tercera y hasta una cuarta revolución en teoría de cuerdas para encontrar una formulación precisa de la misma. Por lo que Witten y

---

[32] DÍAZ PAZOS, Patricio, "La Teoría - M," *De la Teoría de Supercuerdas*, Marzo 13, 2002, http://www.astrocosmo.cl/h-foton/h-foton-12_05-03-04.htm

[33] GREENE, Brian, *El Universo Elegante*, p. 55

otros especulan la necesidad de décadas y hasta siglos para lograrlo. A esta situación se refiere Greene:

"De hecho, las matemáticas de la teoría de cuerdas son tan complicadas que, hasta ahora, nadie conoce ni siquiera las ecuaciones de las fórmulas exactas de esta teoría. Lo que sí es cierto es que los físicos conocen únicamente unas aproximaciones de dichas ecuaciones, e incluso estas ecuaciones aproximadas resultan ser tan complicadas que hasta la fecha sólo se han resuelto parcialmente."[34]

---

[34] Ibid., p. 56

7 CONCLUSIONES

7.1 La formulación más precisa del determinismo mecanicista, en términos clásicos, lo realizó el marqués de Laplace, ahondando en los principios tanto de las leyes del movimiento como de la gravedad, formulados por Isaac Newton, enmarcada en la creencia previa de un Universo Estacionario.

7.2 Los sistemas de pensamiento, que fueron el suelo nutricio de las ideas precursoras que orientaron el norte del desarrollo científico, fueron desde los principios de la historia, de diversa índole, desbordando lo que una interesada corriente historiográfica quisiera reconocer; la religión, la astrología, el misticismo, el esoterismo, han sido motivaciones tan válidas para el desarrollo de los modelos y protocolos de la ciencia, como los intereses geoestratégicos y de control global que las grandes asociaciones de Corporaciones y Estados nacionales, de hoy, articulan, promoviendo ante la opinión mundial que tal situación es en realidad la situación prístina de la ciencia, como si fuera la verdadera época de la búsqueda desinteresada del conocimiento verdadero.

7.3 Con la suficiente perspectiva histórica no es difícil, encontrar rutas que nos llevan a imágenes de la comprensión científica del Mundo, con cierto sentido de *Deja vú*, lo decimos en alusión al fortalecimiento de la creencia no científicamente demostrable de la especularidad primordial entre los modelos matemáticos (entendidos, incluso como la única racionalidad posible) y la inteligibilidad del Mundo. De esta manera vemos convertirse en predominante una imagen del Mundo, que renace recurrentemente cada cierto período de tiempo, la total identidad entre las cosas y los números, creencia pitagórica, que nos deslumbra con toda su magnificencia en la versión del determinismo mecanicista de Laplace. Tal creencia alcanza hasta la imagen del Mundo planteada por Einstein, sintetizada en su famosa frase: *Dios no juega a los dados*, para desacreditar la consolidación de las consecuencias más inauditas de la mecánica cuántica. Aun la reciente Teoría de cuerdas, en cuanto considera que cada partícula conformante del llamado modelo estándar es producto de un elemento subyacente (las cuerdas), en cuanto éstas están siempre vibrando, cada modelo vibratorio se expresa en una de las partículas descritas por el modelo estándar. Lo peculiar de estos elementales es que no pueden ser objeto de observación directa, casi por principio, y se duda que en un lapso de tiempo razonable a futuro pueda observársele indirectamente, las implicancias tecnológicas son formidables y escapan al estado actual de la misma.

7.4 Heisenberg logra formular una pregunta que supera los condicionamientos metodológicos de su disciplina científica, a saber, por qué la naturaleza responde de determinada forma durante el desarrollo de un proceso experimental expresable matemáticamente.

7.5 Aun cuando asumamos la total consistencia matemática de la teoría de cuerdas, cualquier esperanza de someter a experimentación directa los objetos que postula como elementales, es nula, debido al tamaño que se calcula posean (longitud de Planck), poniéndose en entredicho uno de los elementos de toda teoría científica, el de la objetividad, lo que obliga a replantear tal criterio, tomando en consideración los parámetros que el principio de incertidumbre de Heisenberg significa como condición de posibilidad de todo aquello que sea experimentable.

7.6 Es ciertamente auspicioso que la Teoría M, versión más reciente de la teoría de las cuerdas, como parte de sus modelos vibratorios, uno que de manera necesaria y natural fluye de sus propios principios, este modelo vibratorio describe a la perfección la partícula portadora de la fuerza gravitatoria (gravitón), con lo que la ansiada unificación de las cuatro fuerzas fundamentales y de las teorías previas que los describían (de la relatividad y la cuántica) son unificadas de modo natural y armoniosa. Siendo así, que la Teoría M, desde el punto de vista físico-matemático, por describir los objetos elementales de la realidad, mediante un aparato matemático que a pesar de ser embrionario y en plena gestación, ya es capaz de responder consistentemente a preguntas sobre la constitución última de la realidad, que por ejemplo, el modelo estándar de la física no puede.

7.7 Algunas de las interpretaciones que sobre esta teoría se hacen, parecen recidivas del viejo determinismo clásico Laplaciano, pero como se dijo anteriormente, el principio de incertidumbre de Heisenberg es un punto de no retorno imposible de superar, por lo que las versiones razonablemente mitigadas del determinismo cuántico y de la teoría de las cuerdas pueden considerarse, desde un punto de vista filosófico, como bastante *atendibles*. En todo caso, el determinismo cuántico es probabilístico no mecanicista, señala eso sí, como lo reconoció su propio mentor, una tendencia, un proceso, que podría expresarse, digo yo, mediante el sentido de los verbos medios griegos (que implican en el proceso de actualización al enunciador mismo de la expresión).

7.8 La tendencia a la totalidad de la comprensión del Mundo, tiene hondas raíces en la naturaleza humana, raíces que a través de su historia han tenido múltiples facetas, y que con la mínima perspectiva es posible vincularlas con motivaciones que desbordan, lo que ante un análisis parcializado solo se manifiesta como una respuesta que se comprende bajo los cánones del ejercicio contemporáneo del quehacer científico. Nos referimos a los notables vínculos que siempre han existido entre el anhelo de un total conocimiento del Mundo y las creencias religiosas de toda índole que han florecido hasta ahora.

7.9 Nos preguntamos, tomando en cuenta la *real politik*, si el desarrollo de la ciencia contemporánea, obedece solo a motivaciones endógenas a sí misma o si por el contrario, concurren otras motivaciones orientadas a la instrumentalización de los resultados de la ciencia, dado el poder de financiamiento que las grandes corporaciones y los Estados corporativos poseen como instrumento discrecional para direccionar y seleccionar los desarrollos científicos en un sentido ajeno a la pretendida objetividad y desinterés de las mismas, más bien toman una dirección conducente a un incremento de poder sobre los demás miembros de la especie. Esta aprehensión es razonable, puesto que el desarrollo de la física cuántica y de partículas dio como resultado concreto la capacidad, de algunos países del orbe, para manipular la fuerza nuclear fuerte, haciendo posible la reacción en cadena que caracteriza a las bombas nucleares. Así como la constatación que el núcleo institucional de toma de decisiones a nivel global está conformado por estos mismos países capaces de manipular la energía atómica (Consejo de Seguridad de la ONU).

7.10 Desde una perspectiva de fe, es altamente inquietante que a partir de la profundización del principio de incertidumbre de Heisenberg, se llegue a postular la creación instantánea del par partícula-antipartícula así como su inmediata aniquilación por una perturbación energética de alta intensidad, por supuesto esta eventualidad está confinada a un sector específico de un universo mayor, por lo que en estricto sentido no podría denominarse una *creatio ex-nihilo*, sin embargo que este suceso pueda ser explicable bajo los parámetros matemáticos, ciertamente probabilísticas de la mecánica cuántica, es una invitación a ensayar una respuesta análoga de la razón de fe, frente a un hecho cuántico que pone en entredicho una imagen, que va quedando cada vez mas anacrónica, de un Dios creador, por lo menos en los términos de la teología convencional.

BIBLIOGRAFÍA

1. PRINCETON UNIVERSITY, Institute for Advanced Study, "School of Natural Sciences," *Home Page, Edward Witten*, http://www.sns.ias.edu/~witten/.

2. HAWKING, Stephen, *Historia del tiempo*, trad. ORTUÑO, Miguel, 11° ed., Mayor (Barcelona, España: Editorial Crítica, 1989).

3. Marqués de LAPLACE, Pierre Simon, *Exposition du système du monde*, 2° ed. (París: de l'Imprimerie de Crapelet, 1799).

4. LAPLACE, Pierre-Simon, "Essai philosophique sur les probabilités - Google Libros," 1829, http://books.google.com.pe/books?printsec=frontcover&id=1YQPAAAAQAAJ&output=text&pg=PA3.

5. HAWKING, Stephen S., "Stephen Hawking; Gödel and the end of physics," *Department of Applied Mathematics and Theoretical Physics (DAMTP)*, http://www.damtp.cam.ac.uk/strings02/dirac/hawking/.

6. EKELAND, Ivar, *El caos*, 1° ed. (México: Siglo XXI, 2002).

7. DÍAZ PAZOS, Patricio, "La Teoría - M," *De la Teoría de Supercuerdas*, Marzo 13, 2002, http://www.astrocosmo.cl/h-foton/h-foton-12_05-03-04.htm.

8. WOIT, Peter, "String Theory: An Evaluation [Teoría de Cuerdas: Una Evaluación]," trad. CORREA S., Julio H., febrero 2, 2008, http://arxiv.org/PS_cache/physics/pdf/0102/0102051v1.pdf.

9. GREEN, Brian, *El Universo Elegante*, 1° ed. (Barcelona, España: Editorial Crítica, 2006), http://www.cida.ve/~kervinv/www/Video_teoria_cuerdas/Brian_Greene_-_El_Universo_Elegante.pdf.

10. DE RÉGULES, Sergio, "Cháchara Cuántica y Física Cuántica.pdf (application/pdf Objeto)," http://www.comoves.unam.mx/articulos/85_fisica/fisica_85.pdf.

11. Contemporary Physics Education Project, "La Aventura de las Partículas," agosto 19, 1996,

http://www.madrimasd.org/cienciaysociedad/ateneo/dossier/part iculas/aventura/particle/spanish/index.html.

12. CARRETERO, Fernando Leal, *Ensayos sobre la relación entre la filosofía y la ciencia*, Primera. (Guadalajara, Jalisco, México: Editorial CUCSH-UdeG, 2008). COPLESTON, Frederick Charles S.I, *Historia de la filosofía. I, Grecia y Roma*, vol. 1, 9 vols., 2° ed., Colección convivium 9 (Barcelona, España: Ariel, 1974).

13. ARISTÓTELES, *Aristotelous ta meta ta physika*, trad. GARCÍA YEBRA, Valentín, 2 vols., 2° ed., Biblioteca Hispánica de Filosofía 65 (Madrid, España: Editorial Gredos, 1982).

14. TESTER, Jim, *Historia de la astrología occidental*, 1° ed., Historia (México: Siglo XXI, 1990).

15. PLATÓN, "Timeo o de la Naturaleza," http://isaiasgarde.myfil.es/get_file?path=/plat-n-timeo.pdf.

16. PLATÓN, *La República*, trad. FERNÁNDEZ GALIANO, Manuel y PABÓN SUÁREZ DE URBINA, José Manuel (España: Instituto de Estudios Políticos, 1969), http://isaiasgarde.myfil.es/get_file?path=/plat-n-la-republica.pdf.

17. PÉREZ DE LABORDA, Alfonso, *Estudios filosóficos de historia de la ciencia*, Ensayos 252 (Madrid, España: Encuentro Ediciones, 2005), http://www.apl.name/Alfonso/Historia%20de%20la%20ciencia.p df.

18. NEWTON, Sir Isaac et al., *The mathematical principles of natural philosophy*, vol. 2, 2 vols. (Wisconsin, EEUU: Printed for H.D. Symond, 1803).

19. KEPLER, Johannes, *Harmonies of the World*, trad. GLENN WALLIS, Charles (Forgotten Books, 1939).

20. HEISENBERG, Werner Karl, *Física y Filosofía*, trad. DE TEZANOS PINTO, Fausto (Buenos Aires, Argentina: Ediciones la Isla, 1959), http://www.ignaciodarnaude.com/textos_diversos/Heisenberg,Fis ica%20y%20Filosofia.pdf.

21. ARISTÓTELES, *Física*, trad. SCHMIDT OSMANCZIK, Ute, 1° ed., Bibliotheca Scriptorum Graecorum et Romanorum Mexicana

(México: UNAM, 2001).

22. BERGUA, Juan R., *Pitágoras* (Ediciones Ibéricas y L.C.L., 1995).

23. MIRCEA, Eliade, *Historia de las creencias y de las ideas religiosas*, vol. 1, 3 vols., Ilustrada., Paidós Orientalia Series 63 (Barcelona / Buenos Aires / México: Paidós, 1999).

24. MIRCEA, Eliade, *Historia de las creencias y de las ideas religiosas*, vol. 2, 3 vols., Ilustrada., Paidós Orientalia Series 64 (Barcelona / Buenos Aires / México: Paidós, 1999).

25. MIRCEA, Eliade, *Historia de las creencias y de las ideas religiosas*, vol. 3, 3 vols., Ilustrada., Paidós Orientalia Series 65 (Barcelona / Buenos Aires / México: Paidós, 1999).

26. MIRCEA, Eliade, *Historia de las creencias y de las ideas religiosas. Las religiones en sus textos*, vol. 4, 4 vols., Ilustrada., Historia de las creencias y de las ideas religiosas (Madrid, España: Ediciones Cristiandad, 1980).

27. BLEEKER, C. Jouco y WIDENGREN, Geo, *Historia religionum. Manual de Historia de las religiones*, vol. 2, 2 vols. (Madrid, España: Ediciones Cristiandad, 1973).

28. SAGRADA CONGREGACIÓN PARA EL CLERO. SANTA SEDE, VATICANO, "Bibliaclerus," http://www.clerus.org/bibliaclerusonline/es/index.htm.

29. COLECTIVO CULTURAL INDO - IRANIO, "THE ZEND - AVESTA.pdf (application/pdf Objeto)," trad. DARMESTETER, James, *On line Koran and Bible. Scriptures of the World*, http://onlinekoranandbible.com/Documents/THE%20ZEND.pdf.

30. Asociación Estudiantil Musulmana de Oregon State University, "Corán - Índice - IntraText CT," Intratextual, *El Sagrado Corán*, 2007, http://www.intratext.com/IXT/ESL0024/_INDEX.HTM.

31. COLECTIVO RELIGIOSO HEBREO-CRISTIANO, "LA BIBLIA. Versión Oficial Vaticano," Intratextual, trad. Argentina, *El Libro del Pueblo de Dios*, 1990, http://www.vatican.va/archive/ESL0506/_INDEX.HTM.

32. COLECTIVO CULTURAL INDO - IRANIO, *The Zend Avesta, Part 3 of 3. The Yasna, Visparad, Afrinagan, Gahs and Miscellaneous Fragments*, trad. MILLS, L.H., vol. 31, Sacred Books of the East (Londres: Forgotten Books, 1887).

33. COLECTIVO CULTURAL INDO - IRANIO, *The Zend Avesta, Part 2 of 3. The Sirozahs, Yasts and Nyayis*, trad. DARMESTETER, James, vol. 23, Sacred Books of the East (Londres: Forgotten Books, 1882).

34. COLECTIVO CULTURAL INDO - IRANIO, *The Zend Avesta, Part 1 of 3. The Vendidad*, trad. DARMESTETER, James, vol. 4, Sacred Books of the East (Londres: Forgotten Books, 1880).

JULIO H. CORREA S.

ACERCA DEL AUTOR

Julio Henry Correa Sandoval, nacido en la amazónica ciudad peruana de Iquitos, el 16 de junio de 1973, cuya temprana inquietud vital y, por ello intelectual, fue inicial y colorídamente respondida por el mágico imaginario amazónico. Incluso el más denso misticismo amazónico no pudo contenerlo, su encuentro con la racionalidad moderna occidental, su otra herencia cultural, pareció satisfacerlo un poco más, pero a la postre, la búsqueda de una sabiduría verdadera se le reveló más allá de toda parcialidad epistemológica para terminar en la convicción de una necesaria armonía entre sentimiento y razón.

www.ingramcontent.com/pod-product-compliance
Lightning Source LLC
Chambersburg PA
CBHW071153220526
45468CB00003B/1034